AF894318

ZUR

250. JAHRESFEIER

DER

DEUTSCHEN AKADEMIE DER WISSENSCHAFTEN

ZU BERLIN

AKADEMIE-VERLAG GMBH
Berlin NW 7, Schiffbauerdamm 19
Fernruf: Sammelnummer 425571
Drahtwort: Akademieverlag Berlin
Bankkonto: Berliner Stadtkontor, Konto Nr. 758
Postscheckkonto: Berlin 35021

NIEDERLASSUNG LEIPZIG
Leipzig C 1, Marienplatz 1
Drahtwort: Akademieverlag Leipzig
Fernruf: 60673

ARBEITSGEMEINSCHAFTEN

bestehen zwischen dem Akademie-Verlag und den Verlagen:

J. C. Hinrichs Verlag, Leipzig – Gotha
Leopold Klotz-Verlag, Gotha-Leipzig
Verlag Chemie G. m. b. H., Weinheim/Bergstraße
Verlag des kunstgeschichtlichen Seminars, Marburg
Verlag Koehler & Amelang, Leipzig
Weidmannsche Verlagsbuchhandlung, Berlin-Grunewald

VERÖFFENTLICHUNGEN

zur 250. Jahresfeier
der Deutschen Akademie der Wissenschaften zu Berlin

Miscellanea Academica Berolinensia
Gesammelte Abhandlungen
zur Feier des 250 jährigen Bestehens der Deutschen Akademie der Wissenschaften zu Berlin

I. Naturwissenschaften
II. Geisteswissenschaften Teil 1
II. Geisteswissenschaften Teil 2

Jahrbuch
der Deutschen Akademie der Wissenschaften zu Berlin
1946-1949

Die Mitglieder
der Deutschen Akademie der Wissenschaften zu Berlin
1700-1950. Bearbeitet von Erik Amburger

Bildnisse
berühmter Mitglieder der Deutschen Akademie der Wissenschaften zu Berlin 1700-1950

Leibniz-Ausgabe
der Deutschen Akademie der Wissenschaften zu Berlin

I. Reihe
Allgemeiner, politischer und historischer Briefwechsel
Band 4 · 1684-1687
(In Arbeitsgemeinschaft mit dem Verlag Köhler & Amelang, Leipzig)

Bibliographische Angaben Seite 57

Ferner sind zur 250. Jahresfeier der Deutschen Akademie der Wissenschaften zu Berlin erschienen:

Adolf Erman † / Hermann Grapow
Wörterbuch der ägyptischen Sprache
6. Band: Die Register
(In Arbeitsgemeinschaft mit dem I. C. Hinrichs Verlag, Leipzig-Gotha)

Deutsche Texte des Mittelalters

Hans Pyritz
Die Minneburg
(In Arbeitsgemeinschaft mit der Weidmannschen Verlagsbuchhandlung, Berlin-Grunewald)

Corpus medicorum graecorum

Alexander Olivieri
Aetii Amideni Libri Medicinales V-VIII

Vorträge und Schriften

Hermann Grapow
Die Begründung der orientalischen Kommission von 1912
Aus der Geschichte der Akademie in den letzten 50 Jahren

Veröffentlichungen des Instituts für Romanische Sprachwissenschaft

Kurt Baldinger
Kollektivsuffixe und Kollektivbegriff
Ein Beitrag zur Bedeutungslehre im Französischen mit Berücksichtigung der Mundarten

Veröffentlichungen des Instituts für Orientforschung

Fritz Hintze
Untersuchungen zu Stil und Sprache neuägyptischer Erzählungen, 1. Lieferung

Heinrich Otten
Mythen vom Gotte Kumarbi

Veröffentlichungen des Zentralinstituts für Erdbebenforschung in Jena

Friedrich Gerecke
Seismische Registrierungen in Jena
1. Januar 1949 bis 31. Dezember 1949

Bibliographische Angaben Seite 57, bzw. Seite 58

INHALT:

Veröffentlichungen des Akademie-Verlages nach Fachgebieten geordnet:

DIE AUTOREN

INSTITUTIONEN

deren Veröffentlichungen im Akademie-Verlag erscheinen:

Deutsche Akademie der Wissenschaften zu Berlin

Astronomisches Recheninstitut
Astrophysikalisches Observatorium Potsdam
Corpus medicorum graecorum
Deutsche Kommission
Forschungsinstitut für Mathematik
Geodätisches Institut in Potsdam
Institut für Bauwesen
Institut für Orientforschung
Institut für Romanische Sprachwissenschaft
Kommission für spätantike Religionsgeschichte
Leibniz-Kommission
Sternwarte Sonneberg
Volkskundliche Kommission
Zentralinstitut für Erdbebenforschung in Jena

Universität Berlin

Geographisches Institut
Institut für vergleichende Phonetik
Mathematische Institute
Zoologisches Museum

Sächsische Akademie der Wissenschaften zu Leipzig
Adolf-Schmidt-Observatorium für Erdmagnetismus in Niemegk
Astronomisches Recheninstitut zu Heidelberg
Geologische Landesanstalt Berlin
Geophysikalisches Institut der Universität Leipzig
Geophysikalisches Institut Potsdam
Institut für landwirtschaftliche Betriebslehre der Universität Rostock
Meteorologischer Dienst der Deutschen Demokratischen Republik
Öffentliche Wissenschaftliche Bibliothek Berlin

PERIODICA

Archiv für Tierernährung

Astronomische Nachrichten

Berliner Astronomisches Jahrbuch

Chemisches Zentralblatt

Deutsche Literaturzeitung

Der Hinweis

Forschungen und Fortschritte

Jahrbuch der Deutschen Akademie der Wissenschaften zu Berlin

Mathematische Nachrichten

Neues Archiv für Rechts- und Staatswissenschaft

Repertorium specierum novarum regni vegetabilis

Zeitschrift für angewandte Mathematik und Mechanik

Zeitschrift für Meteorologie

Zeitschrift für Phonetik und allgemeine Sprachwissenschaft

SCHRIFTENREIHEN

Abhandlungen der Deutschen Akademie der Wissenschaften zu Berlin
Sitzungsberichte der Deutschen Akademie der Wissenschaften zu Berlin
Vorträge und Schriften
Corpus medicorum graecorum
Veröffentlichungen des Geodätischen Institutes in Potsdam
Veröffentlichungen des Zentralinstitutes für Erdbebenforschung in Jena
Abhandlungen zur Geotektonik
Schriftenreihe des Institutes für Bauwesen
Mitteilungen des Deutschen Erdbebendienstes in Jena
Veröffentlichungen der Sternwarte in Sonneberg
Deutsche Texte des Mittelalters
Veröffentlichungen des Institutes für Orientforschung
enthalten auch die „Kataloge der arabischen alchemistischen Handschriften Deutschlands" (Union Académique Internationale)
Veröffentlichungen des Institutes für Romanische Sprachwissenschaft
Veröffentlichungen der Volkskundlichen Kommission der Deutschen Akademie der Wissenschaften zu Berlin
Die Griechischen Christlichen Schriftsteller der ersten Jahrhunderte
Texte und Untersuchungen zur Geschichte der altchristlichen Literatur
Abhandlungen der Sächsischen Akademie der Wissenschaften zu Leipzig
Berichte über die Verhandlungen der Sächsischen Akademie der Wissenschaften zu Leipzig
Abhandlungen der Geologischen Landesanstalt Berlin
Archiv für Lagerstättenforschung
Abhandlungen des Geophysikalischen Institutes Potsdam
Veröffentlichungen des Geophysikalischen Instituts der Universität Leipzig
Astronomische Abhandlungen (Ergänzungen zu den Astronomischen Nachrichten)
Beiträge zur Thünenforschung
Berliner Geographische Arbeiten
Veröffentlichungen des Meteorologischen Dienstes der Deutschen Demokratischen Republik
Abhandlungen des Meteorologischen Dienstes der Deutschen Demokratischen Republik
Erdmagnetische Jahrbücher
Geologica
Scientia Chimica
Scientia Astronomica
Scientia Photographica
Mitteilungen aus dem Zoologischen Museum in Berlin
Geotektonische Forschungen

VERÖFFENTLICHUNGEN

der Deutschen Akademie der Wissenschaften zu Berlin

(Bibliographische Angaben in den jeweiligen Fachgebieten. Mit * versehene Veröffentlichungen sind im Fachgebietsteil nicht enthalten, da noch in Vorbereitung)

PERIODICA

Astronomische Nachrichten
Berliner Astronomisches Jahrbuch
Chemisches Zentralblatt
Deutsche Literaturzeitung
Forschungen und Fortschritte
Jahrbuch der Deutschen Akademie der Wissenschaften zu Berlin
Mathematische Nachrichten

SCHRIFTENREIHEN

Abhandlungen der Deutschen Akademie der Wissenschaften zu Berlin

Philosophisch-historische Klasse:

Bertholet, Alfred, Die Macht der Schrift in Glauben und Aberglauben

Deubner, Ludwig, Zum Weihehaus der eleusinischen Mysterien

Deubner, Ludwig, Der Schluß der Labyadeninschrift

**Erbse, Hartmut,* Untersuchungen zu den attizistischen Lexika I, II, (Fragmente), III (Indices)

Frings, Theodor/Schieb, Gabriele, Drei Veldekestudien (Das Veldekeproblem / Der Eneideepilog / Die beiden Stauferpartien)

Grapow, Hermann, Studien zu den Annalen Thutmosis des Dritten und zu ihnen verwandten historischen Berichten des Neuen Reiches

Hartmann, Richard, Islam und Nationalismus

Hartmann, Richard, Zur Vorgeschichte des abbasidischen Schein-Chalifates von Cairo

Hartung, Fritz, Studien zur Geschichte der preußischen Verwaltung, Dritter Teil: Zur Geschichte des Beamtentums im 19. u. 20. Jahrhundert

Kleiner, Gerhard, Alexanders Reichsmünzen

Leitzmann, Albert, Briefe von Wilhelm von Humboldt

Mitteis, Heinrich, Die Rechtsgeschichte und das Problem der historischen Kontinuität

Rehm, Walther, Clemens Brentanos Romanfragment „Der schiffbrüchige Galeerensklave vom todten Meer"

Rodenwaldt, Gerhart, Köpfe von den Südmetopen des Parthenon

Rörig, Fritz, Zur Rechtsgeschichte der Territorialgewässer: Reede, Strom und Küstengewässer

Rörig, Fritz, Geblütsrecht und freie Wahl in ihrer Auswirkung auf die deutsche Geschichte
Untersuchungen zur Geschichte der deutschen Königserhebung (911–1198)

Schwyzer, Eduard, Zur Apposition

Thurnwald, Richard, Aufbau und Sinn der Völkerwissenschaft

Trautmann, Reinhold: Die elb- und ostseeslavischen Ortsnamen, Teil I

Trautmann, Reinhold: Die elb- und ostseeslavischen Ortsnamen, Teil II

Waldschmidt, Ernst: Das Mahaparinirvanasutra, Teil I

Weickert, Carl: Studien zur Kunstgeschichte des 5. Jahrhunderts v. Chr. I. Polygnot

Westermann, Diedrich: Pluralbildung und Nominalklassen in einigen afrikanischen Sprachen

Mathematisch-naturwissenschaftliche Klasse:

**Gross, Walter*: Die paläontologische und stratigraphische Bedeutung der Wirbeltierfaunen des Old Reds und der marinen altpaläozoischen Schichten

Guthnick, Paul: Ein Universalinstrument für lichtelektrische Helligkeitsmessungen an Himmelsobjekten

Guthnick, Paul: Über einen eigenartigen neuen Bedeckungsveränderlichen, I. Mitteilung

Guthnik, Paul: Untersuchungen über das System Beta Lyrae

Hasse, Helmut: Invariante Kennzeichnung relativ-abelscher Zahlkörper mit vorgegebener Galoisgruppe über einem Teilkörper des Grundkörpers

Hasse, Helmut: Arithmetische Bestimmung von Grundeinheit und Klassenzahl in zyklischen, kubischen und biquadratischen Zahlkörpern

Heubner, Wolfgang: Katalytische Wandlungen am Blutfarbstoff

Ludin, Adolf: Die physio-geographischen Planungsgrundlagen für den Vollausbau des Rio Negro in Uruguay im Interesse von Wasserkraftnutzung, Schiffahrt und Landeskultur
(Ein Beitrag zur Gewässerkunde Südamerikas)

Müller, Claus: Zur mathematischen Theorie elektromagnetischer Schwingungen

Nachtsheim, Hans / Klein, Hans: Hydrops congenitus universalis beim Kaninchen, eine erbliche fetale Erythroblastose

Nordmann, Hans: Die Dampflokomotive in ihren Hauptentwicklungslinien

Nordmann, Hans: Die Frühgeschichte der Eisenbahnen

Nordmann, Hans: Die Mechanik der Zugförderung

Nordmann, Hans: Probleme der durchgehenden Eisenbahnbremsen in entwicklungsgeschichtlicher Darstellung

Nordmann, Hans: Die ältere preußische Eisenbahngeschichte

Ramdohr, Paul: Die orientierten Verwachsungen von Bleiglanz, Cotunnit und Anglesit der Grube Christian Levin bei Essen-Borbeck
(mit einer Bemerkung über Verwachsungen von Bleiglanz und Phosgenit)

Stille, Hans: Ur- und Neuozeane

Stille, Hans: Die jungalgonkische Regeneration im Raume Amerikas
(Heft I der Abhandlungen zur Geotektonik)

Stumpff, Karl: Neue Theorie und Methode der Ephemeridenrechnung

Warburg, Otto: Ideen zur Fermentchemie der Tumoren

Wendt, Lothar: Die Ermittlung des Erregungsablaufs in ungeschädigten und geschädigten Herzen durch Analyse des Elektrokardiogramms und des Vektordiagramms

Ab 1950 erscheinen die Abhandlungen der Deutschen Akademie der Wissenschaften zu Berlin in folgenden Klassen:

Klasse für Mathematik und allgemeine Naturwissenschaften
Klasse für medizinische Wissenschaft
Klasse für landwirtschaftliche Wissenschaften
Klasse für technische Wissenschaften
Klasse für Sprache, Literatur und Kunst

**Waldschmidt, Ernst*: Das Mahaparinirvanasutra
Text in Sanskrit und Tibetisch, verglichen mit dem Pali. Nebst einer Übersetzung der chinesischen Entsprechung im Vinaya der Mulasarvastivadins. Auf Grund von Turfan-Handschriften herausgegeben und bearbeitet. Teil II: Textbearbeitung, Vorgang 1-32

**Weickert, Carl*: Studien zur Kunstgeschichte des 5. Jahrhunderts v. Chr. II EPTA TEPIKAEOYZ

Klasse für Gesellschaftswissenschaften

Sitzungsberichte der Deutschen Akademie der Wissenschaften zu Berlin

Philosophisch-historische Klasse:

Baethgen, Friedrich: Monumenta Germaniae Historica. Bericht für die Jahre 1943 - 1948

Gabain, Annemarie v.: Alt-türkisches Schrifttum

Leitzmann, Albert: Studien zu Freidanks Bescheidenheit

Stroux, Johannes: Epigraphische Beiträge. I. Eine Hafeninschrift von der Küste des Pontus

Westermann, Diedrich: Die Volkwerdung der Hausa

Westermann, Diedrich: Sprachbeziehungen und Sprachverwandtschaft in Afrika

Mathematisch-naturwissenschaftliche Klasse:

Dinghas, Alexander: Verallgemeinerung eines Hilbertschen Satzes über das Verhalten einer mit den Legendreschen Polynomen zusammenhängenden quadratischen Form

Ertel, Hans: Eine Methode zur approximativen Vorausberechnung von Luftmassenverlagerungen

Ertel, Hans / Roßby, Carl G.: Ein neuer Erhaltungs-Satz der Hydrodynamik

Gothan, Walther: Über den fossilen Kautschuk

Harting, Hans: Die Brechzahlen einiger Halogenidkristalle

Heckmann, Otto / Dieckvoss, Wilhelm / Kox, Hans: Die Ableitung der Eigenbewegungen von Sternen der AG-Kataloge mit Benutzung der Photographischen Himmelskarte, insbesondere in der Zone $+ 20^0$ bis 25^0 (Berlin B)

Heubner, Wolfgang: Nitrit- und Chloratwirkung am Blutfarbstoff

Heubner, Wolfgang: Über Wanderung des DDT im Insektennerven

Kienle, Hans: Zur Photometrie der Doppelsterne

Mangold, Ernst: Die ernährungsphysiologischen Eigenschaften der Süßlupinen

Ramdohr, Paul: Über das Vorkommen von Heazlewoodit $Ni_3 S_2$ und über ein neues ihn begleitendes Mineral: Shandit $Ni_3 Pb_2 S_2$

Rössle, Robert: Zur Theorie des Typhus abdominalis

Rössle, Robert: Stufen der Malignität

Ulrich, Werner: Über die systematische Stellung einer neuen Tierklasse (Pogonofora K. E. Johansson), den Begriff der Archicoelomaten und die Einteilung der Bilaterien

Ab 1950 erscheinen die Sitzungsberichte der Deutschen Akademie der Wissenschaften zu Berlin in folgenden Klassen:

Klasse für Mathematik und allgemeine Naturwissenschaften

Ertel, Hans: Zur Psychophysik der Windstärke-Schätzungen

Klasse für medizinische Wissenschaft

Brugsch, Theodor: Ontogenetisch-phylogenetische Beziehungen zu Erkrankungen

Eicken, Carl von: Zur Geschichte der direkten Untersuchungsmethoden der oberen Luft- und Speisewege

Klasse für landwirtschaftliche Wissenschaften

Klasse für technische Wissenschaften

Klasse für Sprache, Literatur und Kunst

Klasse für Gesellschaftswissenschaften

Hohl, Ernst: Ein politischer Witz auf Caracalla. Ein Beitrag zur Historia-Augusta-Kritik

Vorträge und Schriften

Bonhoeffer, Karl-Friedrich: Über physikalisch-chemische Modelle von Lebensvorgängen

Frings, Theodor: Minnesinger und Troubadours

Grapow, Hermann: Die Begründung der orientalischen Kommission von 1912 (Aus der Geschichte der Akademie in den letzten 50 Jahren)

Heubner, Wolfgang: Genuß und Betäubung durch chemische Mittel

Hund, Friedrich: Wirkungsquantum und Naturbeschreibung

Kienle, Hans: Die Maßstäbe des Kosmos

Knudtzon, Erik J.: Die Wiederbelebung der Internationalen Papyrologie

Meinecke, Friedrich: Ranke und Burckhardt

Mitteis, Heinrich: Über das Naturrecht

Mitscherlich, Eilh. Alfred: Pflanzenphysiologische Bodenkunde

Mitscherlich, Eilh. Alfred: Die Ertragsgesetze

Mitscherlich, Eilh. Alfred: Düngungsfragen. Über die genaue Ermittlung der notwendigen Düngungsgaben an Phosphorsäure und Kali und über das Problem der Stickstoffdüngung

Mitscherlich, Eilh. Alfred: Über die Fehler bei Ertragsversuchen

Noack, Kurt: Die Ausgestaltung der Organismen – ein chemisches Problem

Stille, Hans: Das Leitmotiv der geotektonischen Erdentwicklung

Wartburg, Walter von: Umfang und Bedeutung der germanischen Siedlung in Nordgallien im 5. und 6. Jahrhundert im Spiegel der Sprache und der Ortsnamen

Weickert, Carl: Die Baukunst in Goethes Werk

Veröffentlichungen des Zentralinstitutes für Erdbebenforschung in Jena

Gerecke, Friedrich: Seismische Registrierungen in Jena, 1. Januar 1944 bis 31. Dezember 1946

Gerecke, Friedrich: Seismische Registrierungen in Jena, 1. Januar 1947 bis 31. Dezember 1947

Gerecke, Friedrich: Seismische Registrierungen in Jena, 1. Januar 1948 bis 31. Dezember 1948

Gerecke, Friedrich: Seismische Registrierungen in Jena, 1. Januar 1949 bis 31. Dezember 1949

Krumbach, Gerhard: Seismische Arbeiten 1947/48

Krumbach, Gerhard: 50-Jahrfeier des Zentralinstituts für Erdbebenforschung 25.–29. Juli 1949

Veröffentlichungen der Sternwarte in Sonneberg

Ahnert, P. / Hoffmeister, C. / Rohlfs, E. / van de Voorde, A.: Die veränderlichen Sterne der nördlichen Milchstraße, Teil IV

Ahnert, P. / Hoffmeister, C. / Rohlfs, E. / van de Voorde, A.: Die veränderlichen Sterne der nördlichen Milchstraße, Teil V

Hoffmeister, C.: Zur Photometrie der Milchstraße

Schneller, H.: Eine einfache Methode zur Bestimmung der Systemkonstanten bei Bedeckungsveränderlichen

Deutsche Texte des Mittelalters

Kluge, Reinhold: Lancelot I

**Niewöhner:* Gedichte Heinrichs des Teichners, Band I Gedichte 1-275

Pyritz, Hans: Die Minneburg

Veröffentlichungen des Instituts für Orientforschung

Hintze, Fritz: Untersuchungen zu Stil und Sprache neuägyptischer Erzählungen, 1. Lieferung
*2. Lieferung

Otten, Heinrich: Mythen vom Gotte Kumarbi

Siggel, Alfred: Arabisch-Deutsches Wörterbuch der Stoffe aus den drei Naturreichen, die in arabischen alchemistischen Handschriften vorkommen, nebst Anhang: Verzeichnis chemischer Geräte

**Siggel, Alfred:* Decknamen in der arabischen alchemistischen Literatur

**Zachert, Herbert:* Semmyo. Die Kaiserlichen Erlasse des Shoku-Nihongi, übersetzt und erläutert

Union Académique Internationale

Siggel, Alfred: Katalog der arabischen alchemistischen Handschriften Deutschlands, Handschriften der Öffentlichen Wissenschaftlichen Bibliothek (früher Staatsbibliothek Berlin)

Siggel, Alfred: Katalog der arabischen alchemistischen Handschriften Deutschlands, Handschriften der ehemals herzoglichen Bibliothek zu Gotha

Astronomische Abhandlungen

Beyer, M.: Über den Lichtwechsel der Veränderlichen mit Perioden von 30 bis 150 Tagen

Beyer, M.: Untersuchungen des Lichtwechsels von 70 unperiodischen Veränderlichen

Guthnick, P. / Schneller, H.: Benennung von veränderlichen Sternen – 40. Liste

Guthnick, P. / Schneller, H.: Benennung von veränderlichen Sternen – 41. Liste

Hoffmeister, C.: Verzeichnis von 1440 neuen veränderlichen Sternen mit Angaben über die Art ihres Lichtwechsels

Pohl, H.: Über die Bestimmung der Randverdunkelung bei 21 Cassiopeiae

Wachmann, A. A.: Beobachtungen von Veränderlichen in der Umgebung von Kapteyn-Feldern der nördlichen Milchstraße Teil II (Eichfeld 64)

Veröffentlichungen des Geodätischen Institutes in Potsdam

Haalck, Hans: I. Die vollständige Bestimmung örtlicher gravimetrischer Störungsfelder aus Drehwaagemessungen mit Berechnungsbeispiel (Meßtischblatt Weddingstedt i. Holstein) II. Das physikalische Bildungsgesetz der Figur der Erde (Theorie der normalen Erdgestalt)

Mühlig, Fritz: Der 24-m- Interferenzkomparator des Geodätischen Institutes in Potsdam

Reicheneder, Karl: Fehlertheorie und Ausgleichung von Rautenketten in der Nadirtriangulation

Weiken, Karl: Ergebnisse der Pendelmessungen der Jahre 1934 bis 1943

Schriftenreihe des Institutes für Bauwesen

Miller, Toni: Dorf Seega im Umbau. Ein Planungsbeispiel

Die Griechischen Christlichen Schriftsteller der ersten Jahrhunderte

**Klostermann, Erich*: Macarius, Homilien

**Mras, Karl*: Eusebius, Praeparatio evangelica

**Rehm, Bernhard*: Die Pseudoklementinen, I. Homilien

Texte und Untersuchungen zur Geschichte der altchristlichen Literatur

**Erhard, Albert*: Ueberlieferung und Bestand der hagiographischen und homiletischen Literatur der griechischen Kirche von den Anfängen bis zum Ende des 16. Jahrhunderts. Teil I, Band 3, zweite Hälfte

**Morenz, Siegfried*: Die Geschichte von Joseph dem Zimmermann, übersetzt, erläutert und untersucht

**Till, Walter*: Der koptische Text der Kirchenordnung Hippolyts

**Völker, Walther*: Der wahre Gnostiker nach Clemens Alexandrinus

Corpus medicorum graecorum

Olivieri, Alexander: Aetii Amideni Libri Medicinales V–VIII

Mitteilungen des Deutschen Erdbebendienstes in Jena

**Krumbach, Gerhard*: Erdbebenkatalog Deutschlands für die Jahre 1800-1899

**Tams, Ernst*: Materialien zur Geschichte der Deutschen Erdbebenforschung bis zur Wende vom 19. zum 20. Jahrhundert
Teil I: Über Vorgang und Ursache der Erdbeben und die makroseismischen Methoden. Die Entwicklung der diesbezüglichen Ansichten und Arbeitsweisen in Deutschland und den angrenzenden deutschen Sprachgebieten von Alexander von Humboldt bis zu Eduard Suess und dessen Zeit
Teil II/III Die geschichtliche Entwicklung der Mikroseismik in Deutschland und den angrenzenden deutschen Sprachgebieten

Veröffentlichungen des Instituts für Romanische Sprachwissenschaft

Baldinger, Kurt: Kollektivsuffixe und Kollektivbegriff
Ein Beitrag zur Bedeutungslehre im Französischen mit Berücksichtigung der Mundarten

**Böhne, Rudolf*: Zum Wortschatz der Mundart des Sarrabus (Südostsardinien)

**Lommatzsch, Erhard*: Beiträge zur älteren italienischen Volksdichtung. Untersuchungen und Texte. Band I: Die Wolfenbütteler Sammelbände

**Lommatzsch, Erhard*: Beiträge zur älteren italienischen Volksdichtung. Untersuchungen und Texte. Band II: El Libro de Santo Iusto paladino de Franza nach dem Druck von Venedig 1490

Veröffentlichungen der Volkskundlichen Kommission

Meier, John: Untersuchungen zur Deutschen Volkskunde und Rechtsgeschichte. Ahnengrab und Rechtsstein

Abhandlungen zur Geotektonik

Stille, Hans: Die jungalgonkische Regeneration im Raume Amerikas

FESTSCHRIFTEN

Zum 300. Geburtstag des Gründers der Deutschen Akademie der Wissenschaften zu Berlin Gottfried Wilhelm Leibniz im Jahre 1946

Richter, Liselotte: Leibniz und sein Rußlandbild

Zum Leibniztag der Deutschen Akademie der Wissenschaften zu Berlin im Jahre 1948

Max Planck in seinen Akademie-Ansprachen
Erinnerungsschrift der Deutschen Akademie der Wissenschaften zu Berlin

Zur 250. Jahresfeier der Deutschen Akademie der Wissenschaften zu Berlin

Miscellanea Academica Berolinensia
Gesammelte Abhandlungen zur Feier des 250jährigen Bestehens der Deutschen Akademie der Wissenschaften zu Berlin
I Naturwissenschaften
II Geisteswissenschaften Teil 1
II Geisteswissenschaften Teil 2

Die Mitglieder der Deutschen Akademie der Wissenschaften zu Berlin 1700–1950. Bearbeitet von *Erik Amburger*

Bildnisse berühmter Mitglieder der Deutschen Akademie der Wissenschaften zu Berlin

Jahrbuch der Deutschen Akademie der Wissenschaften zu Berlin 1946-1949

Leibniz-Ausgabe der Deutschen Akademie der Wissenschaften zu Berlin
I. Reihe: Allgemeiner politischer und historischer Briefwechsel
Band 4 1684–1687 (siehe nachfolgende Seiten)

DIE LEIBNIZ-AUSGABE

der deutschen Akademie der Wissenschaften zu Berlin

Die Deutsche Akademie der Wissenschaften zu Berlin verehrt in Gottfried Wilhelm Leibniz ihren Gründer, dem in einer kritischen wissenschaftlichen Gesamtausgabe seiner Schriften und Briefe ein Denkmal gesetzt werden soll. Viele kleinere und größere Schriften hat Leibniz zu seinen Lebzeiten veröffentlicht. Sie stellen jedoch nur einen Bruchteil dessen dar, was er in langen Jahren gesammelt und niedergeschrieben hat. Gar mancher Arbeit ist die letzte Vollendung und damit die Veröffentlichung versagt geblieben, und unübersehbar ist die Masse der Entwürfe und Notizen aller Art. Dazu kommen die Denkschriften und die Tausende der abgesandten und empfangenen Briefe. Der größte Teil dieser Papiere liegt noch heute in der Bibliothek zu Hannover, ein anderer ist über ganz Deutschland und Europa verstreut, und wohl die Hälfte des Ganzen mag noch nicht gedruckt sein.

All das galt es zu sammeln und zu ordnen, als im Anfang unseres Jahrhunderts die internationale Assoziation der Akademien unter ihren ersten Arbeiten eine Ausgabe der Werke Leibniz ins Auge faßte, der sich einst für den Gedanken wissenschaftlicher Gemeinschaftsarbeit am eifrigsten eingesetzt hatte. Im Auftrage der Assoziation machten sich die Académie des sciences und die Académie des sciences morales et politiques in Paris und die preußische Akademie der Wissenschaften an die Arbeit, deren erstes Ergebnis der als Manuskript veröffentlichte erste Band eines kritischen Kataloges der Leibniz-Handschriften war. Der erste Weltkrieg unterbrach die internationale Gemeinschaftsarbeit. Die Berliner Akademie führte die Arbeiten an der Leibniz-Ausgabe allein weiter. Zur 250. Jahresfeier der Deutschen Akademie der Wissenschaften zu Berlin legen die Mitarbeiter einen neuen Band der Ausgabe vor, der der Beginn eines neuen Abschnittes der Zusammenarbeit über Deutschlands Grenzen hinaus sein soll.

Die Ausgabe der Akademie will im wesentlichen alles bieten, was sich an Schriften von Leibniz und Briefen von ihm und an ihn erhalten hat. Sie bringt auch das schon Bekannte immer nur nach einer genauen Vergleichung mit den Urtexten, und so wirkt auch dieses oft wie ein neues Gut, zumal nachdem alles Unechte getilgt worden ist. Besondere Sorgfalt wird der Ermittlung der Daten, Adressen, Zwecke und Zusammenhänge der zahllosen Konzepie und Notizen gewidmet. Die Ausgabe wendet sich an jeden, der europäisches Kultur- und Geistesleben aus den Quellen kennen lernen will.

Das ganze Werk ist auf rund 40 Quartbände berechnet und wird sich in folgende Reihen gliedern:

I. Allgemeiner, politischer und historischer Briefwechsel. 12 Bände.
II. Philosophischer Briefwechsel. 6 Bände.
III. Mathematischer, naturwissenschaftlicher und technischer Briefwechsel. 5 Bände.
IV. Politische Schriften. 4 Bände.
V. Historische Schriften. 4 Bände.
VI. Philosophische Schriften. 6 Bände.
VII. Mathematische, naturwissenschaftliche und technische Schriften. 3 Bände.

Der historisch-philologische Apparat, der nach dem ersten Plan der Ausgabe zu besonderen Bänden zusammengefaßt werden sollte, wird fortan mit den Texten verbunden und dabei für die schon veröffentlichten Bände nachgeholt werden.

Im Laufe der Jahre erschienen folgende Bände der Akademieausgabe:

1923:	I. Reihe	Allgemeiner, politischer und historischer Briefwechsel 1. Band 1668 – 1676	DM 56.-
1926:	II. Reihe	Philosophischer Briefwechsel 1. Band 1663 – 1685	DM 59.-
1927:	I. Reihe	Allgemeiner, politischer und historischer Briefwechsel 2. Band 1676 – 1679	DM 59.-
1930:	VI. Reihe	Philosophische Schriften 1. Band 1663 – 1672	DM 57.-
1931:	IV. Reihe	Politische Schriften 1. Band 1667 – 1676	DM 62.-
1938:	I. Reihe	Allgemeiner, politischer und historischer Briefwechsel 3. Band 1680 – 1683	DM 67.-
1950:	I. Reihe	Allgemeiner, politischer und historischer Briefwechsel 4. Band 1684 – 1687	DM 65.-

Die Veröffentlichungen des Akademie-Verlages
nach

FACHGEBIETEN

geordnet.

Alle Veröffentlichungen mit festangegebenen Preisen sind lieferbar. Die mit einem * versehenen Veröffentlichungen erscheinen noch im Laufe dieses Jahres. Sämtliche angegebenen ca.-Preise dürften sich nur unwesentlich ändern. Die endgültigen Preise werden vor Erscheinen bekannt gegeben.

ALLGEMEINES

	DM	Bestell- und Verlags-Nummer
Amburger, Erik		
Die Mitglieder der Deutschen Akademie der Wissenschaften zu Berlin 1700–1950 (Bibliographische Angaben Seite 57)		5045
Deutsche Akademie der Wissenschaften zu Berlin		
Bildnisse berühmter Mitglieder der Deutschen Akademie der Wissenschaften zu Berlin 1700-1950 (Bibliographische Angaben Seite 57)		5054
Deutsche Akademie der Wissenschaften zu Berlin		
Gottfried Wilhelm Leibniz		
Sämtliche Schriften und Briefe		
1. Reihe: Allgemeiner, politischer und historischer Briefwechsel IV. Band 1684–1687 (Bibliographische Angaben Seite 57)		3001/I/4
Deutsche Akademie der Wissenschaften zu Berlin		
Miscellanea Academica Berolinensia		5048
Gesammelte Abhandlungen zur Feier des 250jährigen Bestehens der Deutschen Akademie der Wissenschaften zu Berlin		
I. Naturwissenschaften		5048/I
II. Geisteswissenschaften Teil 1		
II. Geisteswissenschaften Teil 2 (Bibliographische Angaben Seite 57)		5048/II
Deutsche Literatur-Zeitung		
für Kritik der internationalen Wissenschaft		
Herausgegeben im Auftrage der Deutschen Akademien der Wissenschaften zu Berlin / Göttingen / Leipzig / Heidelberg / München		
Erscheinungsweise: monatlich		
Bezugspreis: vierteljährlich	3,	1003/71
68. Jahrgang (1947) komplett (Nr. 1–3)	3,	1003/68
69. Jahrgang (1948) komplett	12,	1003/69
70. Jahrgang (1949) komplett	12,	1003/70
Der Hinweis		
Ausgewählte Neuerwerbungen der Öffentlichen Wissenschaftlichen Bibliothek Berlin		
Herausgeber: Rudolf Hoecker		
Erscheint: einmal im Monat		
Bezugspreis: halbjährlich	3,60	1020
Forschungen und Fortschritte		
Das Nachrichtenblatt der Deutschen Wissenschaft und Technik		
Herausgegeben im Auftrage der Deutschen Akademien der Wissenschaften von H. Kienle, Potsdam		
Erscheinungsweise: monatlich		
Bezugspreis: vierteljährlich	3,	1001/26
23. Jahrgang (1947) komplett (Nr. 1–9)	9,	1001/23
24. Jahrgang (1948) komplett	12,	1001/24
25. Jahrgang (1949) komplett	12,	1001/25
Jahrbuch der Deutschen Akademie der Wissenschaften zu Berlin 1946–1949 (Bibliographische Angaben Seite 58)		1002/46-49

GESELLSCHAFTSWISSENSCHAFT

	DM	Bestell- und Verlags-Nummer
Hartung, Fritz Studien zur Geschichte der preußischen Verwaltung 3. Teil: Zur Geschichte des Beamtentums im 19. und 20. Jahrhundert 40 Seiten - 1948 . . . . (in Abhandl. d. Dt. Akad. d. Wiss. z. Bln.)	4,50	2001/45-46/8
Lenz, Friedrich Wirtschaftsplanung und Planwirtschaft - 100 Seiten - 1948 . .	5,80	5008
Miller, Toni Dorf Seega im Umbau. Ein Planungsbeispiel X und 112 Seiten - 14 Abb. - 37 Tafeln - 1949 . . . . (in Schriftenreihe d. Institutes f. Bauwesen)	39,—	2020/1
Mitteis, Heinrich Die Rechtsgeschichte und das Problem der historischen Kontinuität - 25 Seiten - 1947 . . . . (in Abhandl. d. Dt. Akad. d. Wiss. z. Bln.)	3,25	2001/47/1
Mitteis, Heinrich Über das Naturrecht - 48 Seiten - 1948 . . . . (in Vorträge und Schriften)	2,75	2003/26
Neye, Walther Bürgerliches Recht in logischer Anwendung (Klausurenlehre) Teil I: Dingliche Ansprüche IV und 62 Seiten - 1949	2,50	5018/I
Rörig, Fritz Geblütsrecht und freie Wahl in ihrer Auswirkung auf die deutsche Geschichte. Untersuchungen zur Geschichte der deutschen Königserhebung (911–1198) - 52 Seiten - 1948 . (in Abhandl. d. Dt. Akad. d. Wiss. z. Bln.)	5,—	2001/45-46/6
Rörig, Fritz Zur Rechtsgeschichte der Territorialgewässer: Reede, Strom und Küstengewässer - 28 Seiten - 1949 . . . . (in Abhandl. d. Dt. Akad. d. Wiss. z. Bln.)	2,30	2001/48/2
Richter, Liselotte Leibniz und sein Rußlandbild, I. Aufl. 166 Seiten - 10 Tafeln - 1 Falttafel - 1947	9,—	5002
Steiniger, Alfons Das Blocksystem (Beitrag zu einer demokratischen Verfassungslehre) - 80 Seiten - 1948	3,—	5013
Winter, Eduard Rußland und die slavischen Völker in der Diplomatie des Vatikans - 188 Seiten - 1950 . . . . brosch. gebd.	13,50 16,25	5004

KUNSTGESCHICHTE UND KULTURWISSENSCHAFT

	DM	Bestell- und Verlags-Nummer
Baethgen, Friedrich Monumenta Germaniae Historica Bericht für die Jahre 1943–1948 · 32 Seiten · 1950 . . . . . . (in Sitzungsberichte d. Dt. Akad. d. Wiss. z. Bln.)	1,75	2010/49/III
Bertholet, Alfred Die Macht der Schrift in Glauben und Aberglauben 48 Seiten - 1949 . . . . (in Abhandl. d. Dt. Akad. d. Wiss. z. Bln.)	4,25	2001/48/1
Die Papyri als Zeugen antiker Kultur 56 Seiten - 8 Abb. - 1949	1,50	5021
Buttlar, Herbert von Griechische Köpfe - 22 Seiten - 96 Kunstdrucktafeln - 1950 Engl. Broschur	7,80	5040
gebd.	9,—	
Deubner, Ludwig Zum Weihehaus der eleusinischen Mysterien 20 Seiten - 1948 . . . . (in Abhandl. d. Dt. Akad. d. Wiss. z. Bln.)	2,75	2001/45-46/2
Deubner, Ludwig Der Schluß der Labyadeninschrift - 6 Seiten - 1948 . . . . . . (in Abhandl. d. Dt. Akad. d. Wiss. z. Bln.)	2,—	2001/45-46/4
Hartmann, Richard Islam und Nationalismus - 48 Seiten - 1948 . . . . (in Abhandl. d. Dt. Akad. d. Wiss. z. Bln.)	4,75	2001/45-46/5
Hamann, Richard Tierplastik im Wandel der Zeiten 16 Seiten - 96 Kunstdrucktafeln - 1950 . . . . Engl. Broschur	7,80	5001
gebd.	9,—	
Kleiner, Gerhard Alexanders Reichsmünzen - 56 Seiten - 1 Tafel - 1948 . . . . . (in Abhandl. d. Dt. Akad. d. Wiss. z. Bln.)	5,50	2001/47/5
Meier, John Untersuchungen zur deutschen Volkskunde und Rechtsgeschichte. Ahnengrab und Rechtsstein (Bibliographische Angaben Seite 58) (in Veröffentlichungen d. Volkskundl. Kommission)		2034/1
Meinecke, Friedrich Ranke und Burckhardt - 36 Seiten - 1948 . . . . (in Vorträge und Schriften)	2,50	2003/27
Rodenwaldt, Gerhart Köpfe von den Südmetopen des Parthenon 24 Seiten - 24 Tafeln - 1948 . . . . brosch. (in Abhandl. d. Dt. Akad. d. Wiss. z. Bln.)	8,—	2001/45-46/7
gebd.	14,—	

	DM	Bestell- und Verlags-Nummer
Stroux, Johannes		
Epigraphische Beiträge I. Eine Hafeninschrift von der Küste des Pontus - 24 Seiten - 1949 . . . . (in Sitzungsberichte d. Dt. Akad. d. Wiss. z. Bln.)	1,50	2010/49/I
Thurnwald, Richard		
Aufbau und Sinn der Völkerwissenschaft - 40 Seiten - 1947 (in Abhandl. d. Dt. Akad. d. Wiss. z. Bln.)	4,50	2001/47/3
Weickert, Carl		
Studien zur Kunstgeschichte des 5. Jahrhunderts v. Chr. I. Polygnot - 28 Seiten - 1950 . . . . (in Abhandl. d. Dt. Akad. d. Wiss. z. Bln.)	3,25	2001/47/8

ORIENTALISTIK

	DM	Bestell- und Verlags-Nummer
Grapow, Hermann Die Begründung der orientalischen Kommission von 1912 (Aus der Geschichte der Akademie in den letzten fünfzig Jahren) (Bibliographische Angaben Seite 57) (in Vorträge und Schriften)		2003/40
Hintze, Fritz Untersuchungen zu Stil und Sprache neuägyptischer Erzählungen – 1. Lieferung - 166 Seiten - 1950 . . . . (in Veröffentl. d. Instit. f. Orientforschung)	45,30	2013/2
Siggel, Alfred Katalog der arabischen alchemistischen Handschriften Deutschlands (Handschriften der Öffentlichen Wissenschaftlichen Bibliothek, früher Staatsbibliothek Berlin) 144 Seiten - 1949 . . . . (in Veröffentl. d. Instit. f. Orientforsch. - Union Académique Internationale)	30,	2013/U 1
Siggel, Alfred Katalog der arabischen alchemistischen Handschriften Deutschlands (Handschriften der ehemals herzoglichen Bibliothek zu Gotha) – 118 Seiten - 1950 . . . . (in Veröffentl. d. Instit. f. Orientforsch. - Union Académique Internationale)	34,50	2013/U 2
Siggel, Alfred Arabisch-Deutsches Wörterbuch der Stoffe aus den drei Naturreichen, die in arabischen alchemistischen Handschriften vorkommen, nebst Anhang: Verzeichnis chemischer Geräte - 100 Seiten - 1950 . . . . (in Veröffentl. d. Inst. f. Orientforschung)	29,50	2013/1

SPRACH- UND LITERATURWISSENSCHAFT

	DM	Bestell- und Verlags-Nummer
Zeitschrift für Phonetik und allgemeine Sprachwissenschaft (früher: Archiv für Phonetik) Herausgeber: Diedrich Westermann Erscheinungsweise: 6 Hefte im Jahr		
Bezugspreis: halbjährlich	15,	1006/4
1. Jahrgang (1947) komplett Heft 1-5	25,	1006/1
2. Jahrgang (1948) komplett	30,	1006/2
3. Jahrgang (1949) komplett	30,	1006/3
Baetke, W. Die Götterlehre der Snorra-Edda - 68 Seiten - 1950 (in Berichte über die Verhandl. d. Sächs. Akad. d. Wiss. z. Leipz.)	6,30	2026/97/3
Baldinger, Kurt Kollektivsuffixe und Kollektivbegriff. Ein Beitrag zur Bedeutungslehre im Französischen mit Berücksichtigung der Mundarten (Bibliographische Angaben Seite 57) (in Veröffentl. d. Inst. f. Romanische Sprachwiss.)		2033/1
Erman, Adolf † - Grapow, Hermann Wörterbuch der ägyptischen Sprache 6. Band: Die Register (Bibliographische Angaben Seite 57)		3002/VI R
Frings, Theodor Antike und Christentum an der Wiege der deutschen Sprache 40 Seiten - 1949 . . . Pappband	4,80	5030
Frings, Theodor Minnesinger und Troubadours - 60 Seiten - 1949 (in Vorträge und Schriften)	3,–	2003/34
Frings, Theodor - Schieb, Gabriele Drei Veldekestudien (Das Veldekeproblem / Der Eneideepilog / Die beiden Stauferpartien) - 96 Seiten - 1949 (in Abhandl. d. Dt. Akad. d. Wiss. z. Bln.)	8,25	2001/47/6
Fück, Johann Arabiya. Untersuchungen zur arabischen Sprach- u. Stilgeschichte - IV u. 148 Seiten - 1950 (in Abhandl. d. Sächs. Akad. d. Wiss. zu Leipz.)	29,	2024/45/1
Gabain, Annemarie von Alt-türkisches Schrifttum - 24 Seiten - 1950 (in Sitzungsber. d. Dt. Akad. d. Wiss. z. Bln.)	1,65	2010/48/III
Grapow, Hermann Studien zu den Annalen Thutmosis des Dritten und zu ihnen verwandten historischen Berichten des Neuen Reiches 76 Seiten - 1949 (In Abhandl. d. Dt. Akad. d. Wiss. z. Bln.)	6,—	2001/47/2

	DM	Bestell- und Verlags-Nummer
Hartmann, Richard Zur Vorgeschichte des abbasidischen Schein-Chalifates von Cairo - 10 Seiten - 1950 . . . . (in Abhandl. d. Dt. Akad. d. Wiss. z. Bln.)	1,75	2001/47/9
Kluge, Reinhold Lancelot I - LXXI u. 642 Seiten - 4 Tafeln - 1948 . . . . (in Dt. Texte d. Mittelalters)	58,-	2012/XLII
Leitzmann, Albert Briefe von Wilhelm von Humboldt - 40 Seiten - 1949 . . . . (in Abhandl. d. Dt. Akad. d. Wiss. z. Bln.)	3,25	2001/48/3
Leitzmann, Albert Studien zu Freidanks Bescheidenheit - 30 Seiten - 1950 . . . . . . (in Sitzungsber. d. Dt. Akad. d. Wiss. z. Bln.)	2,--	2010/48/II
Otten, Heinrich Mythen vom Gotte Kumarbi - 40 Seiten - 11 Tafeln - 1950 . . (in Veröffentl. d. Instit. f. Orientforschung)	14,25	2013/3
Pyritz, Hans Die Minneburg (Bibliographische Angaben Seite 58) (in Deutsche Texte des Mittelalters)		2012/XLIII
Rehm, Walther Clemens Brentanos Romanfragment „Der schiffbrüchige Galeerensklave vom todten Meer" - 54 Seiten - 1949 . . . . (in Abhandl. d. Dt. Akad. d. Wiss. z. Bln.)	5,25	2001/48/4
Schwyzer, Eduard Zur Apposition - 16 Seiten - 1947 . . . . (in Abhandl. d. Dt. Akad. d. Wiss. z. Bln.)	2,--	2001/45-46/3
Steinitz, Wolfgang Geschichte des ostjakischen Vokalismus VIII und 138 Seiten - 1950 . . . . gebd.	19,--	5014
Trautmann, Reinhold Die elb- und ostseeslavischen Ortsnamen, Teil I 188 Seiten - 1948 . . . . (in Abhandl. d. Dt. Akad. d. Wiss. z. Bln.)	12,--	2001/47/4
Trautmann, Reinhold Die elb- und ostseeslavischen Ortsnamen, Teil II 120 Seiten - 1949 . . . . (in Abhandl. d. Dt. Akad. d. Wiss. z. Bln.)	12,--	2001/47/7
Wartburg, Walther von Umfang und Bedeutung der germanischen Siedlung in Nordgallien im 5. und 6. Jahrhundert im Spiegel der Sprache und der Ortsnamen - 34 Seiten - 1950 . . . . (in Vorträge und Schriften)	1,85	2003/36

	DM	Bestell- und Verlags-Nummer
Weickert, Carl		
Die Baukunst in Goethes Werk - 28 Seiten - 1950 . . . . (in Vorträge und Schriften)	1,50	2003/38
Weller, Friedrich		
Zum mongolischen Tanjur - 36 Seiten - 1949 . . . . (in Berichte ü. die Verhandl. d. Sächs. Akad. d. Wiss. zu Leipzig)	4,75	2026/97/2
Weller, Friedrich		
Über den Quellenbezug eines mongolischen Tanjurtextes 54 Seiten - 116 Seiten faksimil. handgeschr. Originalt. - 1950 . . . . . . (in Abhandl. d. Sächs. Akad. d. Wiss. zu Leipzig)	19,80	2024/45/2
Westermann, Diedrich		
Pluralbildung und Nominalklassen in einigen afrikanischen Sprachen - 28 Seiten - 1947 . . . . (in Abhandl. d. Dt. Akad. d. Wiss. z. Bln.)	3,50	2001/45-46/1
Westermann, Diedrich		
Sprachbeziehungen und Sprachverwandtschaft in Afrika 28 Seiten - 1949 . . . . (in Sitzungsber. d. Dt. Akad. d. Wiss. z. Bln.)	1,80	2010/48/I
Westermann, Diedrich		
Die Volkwerdung der Hausa - 44 Seiten - 1950 . . . . (in Sitzungsber. d. Dt. Akad. d. Wiss. z. Bln.)	2,70	2010/49/II

ANGEWANDTE NATURWISSENSCHAFTEN

	DM	Bestell- und Verlags-Nummer
Zeitschrift für angewandte Mathematik und Mechanik Ingenieurwissenschaftliche Forschungsarbeiten (siehe Seite 52)		
Baukloh, Walter Grundlagen und Ausführungen von Schutzgasglühungen einschließlich der Verhältnisse für das kohlende Glühen von Eisen - 36 Seiten - 22 Abb. - 1949	5,	5028
Baukloh, Walter Die physikalisch-chemischen Grundlagen der Metallurgie XVI und 304 Seiten - 1949 . . . brosch. (in Scientia Chimica) i. Ganzl. gebd.	20, 24,-	2019/1
Beauclair, Wilfried de Untersuchungen über die Fouriersynthese der Ladungsverteilung in Kristallen Band I: Verfahren und Geräte zur mehrdimensionalen Fouriersynthese - 72 Seiten - 1 Falttafel - 38 Abb. - 1949	15,	5012/I
Beauclair, Wilfried de - Sinogowitz, Ulrich † Untersuchungen über die Fouriersynthese der Ladungsverteilung in Kristallen Band II: Phasenfaktorentafel zur kristallographischen zweidimensionalen Fouriersynthese in Punkten eines Achtundvierzigstel-Netzes 94 Seiten u. 3 Deckblätter - 1949	38,	5012/II
**Erdmann-Jesnitzer, Friedrich* Werkstoff und Schweißung		5016
Nordmann, Hans Die Dampflokomotive in ihren Hauptentwicklungslinien 36 Seiten - 26 Skizzen - 1948 (in Abhandl. d. Dt. Akad. d. Wiss. z. Bln.)	4,50	2002/45-46/5
Nordmann, Hans Die Frühgeschichte der Eisenbahnen - 28 Seiten - 1948 (in Abhandl. d. Dt. Akad. d. Wiss. z. Bln.)	3,50	2002/47/4
Nordmann, Hans Die Mechanik der Zugförderung - 28 Seiten - 1949 (in Abhandl. d. Dt. Akad. d. Wiss. z. Bln.)	3,75	2002/47/9
Nordmann, Hans Probleme der durchgehenden Eisenbahnbremsen in entwicklungsgeschichtlicher Darstellung - 18 Seiten - 2 Tafeln - 1950 (in Abhandl. d. Dt. Akad. d. Wiss. z. Bln.)	2,75	2002/48/1
Nordmann, Hans Die ältere preußische Eisenbahngeschichte - 36 Seiten - 1950 (in Abhandl. d. Dt. Akad. d. Wiss. z. Bln.)	3,25	2002/48/4
Stather, Fritz Leder und Kunstleder (Fachkunde in Stichworten) IV und 120 Seiten - 87 Abb. - 10 Tab. - 6 gr. Falttafeln - 1949 brosch. gebd.	6,80 8,80	5023

ASTRONOMIE

	DM	Bestell- und Verlags-Nummer
Astronomische Nachrichten Herausgegeben im Auftrage der Deutschen Akademie der Wissenschaften zu Berlin von H. Kienle, Potsdam Erscheinungsweise: zwanglos		
Bezugspreis je Heft	7,-	1005/278
Band 274 (1943/44) kompl. (Heft 1-5) (Nachlieferung)	35,-	1005/274
Band 275 (1947) komplett	42,-	1005/275
Band 276 (1948) komplett	42,-	1005/276
Band 277 (1949) komplett	42,-	1005/277
Berliner Astronomisches Jahrbuch Herausgeber: 1948 Astronomisches Recheninstitut der Deutschen Akademie der Wissenschaften zu Berlin - ab 1949: Astronomisches Recheninstitut der Deutschen Akademie der Wissenschaften zu Berlin und Astronomisches Recheninstitut zu Heidelberg		
173. Jahrgang 1948	12,-	1004/173
174. Jahrgang 1949	12,-	1004/174
175. Jahrgang 1950	12,-	1004/175
176. Jahrgang 1951	12,-	1004/176
Ahnert, P. - Hoffmeister, C. - Rohlfs, E. - Voorde, A. van de Die veränderlichen Sterne der nördlichen Milchstraße, Teil IV 156 Seiten - 1947 . . . . (in Veröffentl. d. Sternwarte in Sonneberg)	10,-	2006/1/2
Ahnert, P. - Hoffmeister, C. - Rohlfs, E. - Voorde, A. van de Die veränderlichen Sterne der nördlichen Milchstraße, Teil V 198 Seiten - 1949 . . . . (in Veröffentl. d. Sternwarte in Sonneberg)	15,-	2006/1/3
Beyer, M. Über den Lichtwechsel der Veränderlichen mit Perioden von 30 bis 150 Tagen - 114 Seiten - 7 Textabb. - 1948 . . . (in Astronomische Abhandlungen)	20,-	2015/11/4
Beyer, M. Untersuchungen des Lichtwechsels von 70 unperiodischen Veränderlichen - 76 Seiten - 1950 . . . . (in Astronomische Abhandlungen)	9,-	2015/12/2
Guthnick, P. - Schneller, H. Benennung von veränderlichen Sternen - 40. Liste 26 Seiten - 1942 . . . . (in Astronomische Abhandlungen)	4,50	2015/11/1
Guthnick, P. - Schneller H. Benennung von veränderlichen Sternen - 41. Liste 12 Seiten - 1943 . . . . (in Astronomische Abhandlungen)	2,50	2015/11/3

	DM	Bestell- und Verlags-Nummer
Guthnick, P. Untersuchungen über das System Beta Lyrae 32 Seiten - 1948 . . . . (in Abhandl. d. Dt. Akad. d. Wiss. z. Bln.)	4,--	2002/45-46/1
Guthnick, P. Ein Universalinstrument für lichtelektrische Helligkeitsmessungen an Himmelsobjekten - 8 Seiten - 1947 . . . . (in Abhandl. d. Dt. Akad. d. Wiss. z. Bln.)	2,	2002/47/2
Guthnick, P. Über einen eigenartigen neuen Bedeckungsveränderlichen I. Mitteilung - 18 Seiten - 1948 . . . . (in Abhandl. d. Dt. Akad. d. Wiss. z. Bln.)	2,	2002/47/7
Heckmann, O. - Dieckvoss, W. - Kox, H. Die Ableitung der Eigenbewegungen von Sternen der A G-Kataloge mit Benutzung der Photographischen Himmelskarte, insbesondere in der Zone + 20° bis 25° (Berlin B) - 34 Seiten - 1949 . . . . (in Sitzungsber. d. Dt. Akad. d. Wiss. z. Bln.)	2,65	2011/48/VII
Hoffmeister, C. Zur Photometrie der Milchstraße - 42 Seiten - 1947 . . . . . (in Veröffentl. der Sternwarte in Sonneberg)	6,--	2006/1/1
Hoffmeister, C. Verzeichnis von 1440 neuen veränderlichen Sternen mit Angaben über die Art ihres Lichtwechsels - 36 Seiten - 1949 (in Astronomische Abhandlungen)	16,50	2015/12/1
Kienle, H. Die Maßstäbe des Kosmos - 30 Seiten - 1948 . . . . (in Vorträge und Schriften)	1,50	2003/24
Kienle, H. Zur Photometrie der Doppelsterne - 20 Seiten - 1949 . . . . (in Sitzungsber. d. Dt. Akad. d. Wiss. z. Bln.)	1,60	2011/48/VI
Pohl, H. Über die Bestimmung der Randverdunkelung bei 21 Kassiopeiae - 32 Seiten - 1942 . . . . (in Astronomische Abhandlungen)	5,--	2015/11/2
Schneller, H. Eine einfache Methode zur Bestimmung der Systemkonstanten bei Bedeckungsveränderlichen - 48 Seiten - 1949 . . . (in Veröffentl. der Sternwarte in Sonneberg)	7,25	2006/1/4
Stumpff, Karl Neue Theorie und Methode der Ephemeridenrechnung 88 Seiten - 1949 . . . . (in Abhandl. d. Dt. Akad. d. Wiss. z. Bln.)	15,--	2002/47/1
Wachmann, A. A. Beobachtungen von Veränderlichen in der Umgebung von Kapteyn-Feldern der nördlichen Milchstraße, Teil II 48 Seiten - 1948 . . . . (in Astronomische Abhandlungen)	13,--	2015/11/5

BOTANIK

	DM	Bestell- und Verlags-Nummer
Mangold, Ernst		
Die ernährungsphysiologischen Eigenschaften der Süßlupinen 46 Seiten - 1950 . . . . (in Sitzungsber. d. Dt. Akad. d. Wiss. z. Bln.)	2,60	2011/49 III
Mansfeld, Rudolf		
Die Technik der wissenschaftlichen Pflanzenbenennung. Eine Einführung in die internationalen Regeln der botanischen Nomenklatur - IV und 118 Seiten - 4 Seiten Kunstdruck - 1949 brosch.	12,50	5026
gebd.	14,	
Petersen, Asmus		
Die Gräser als Kulturpflanzen und Unkräuter auf Wiese, Weide und Acker XII u. 225 Seiten - 1 Falttafel - ü. 100 Textabbildungen - 1950 brosch.	13,75	5024
gebd.	15,50	

CHEMIE

	DM	Bestell- und Verlags-Nummer
Chemisches Zentralblatt		
Vollständiges Repertorium für alle Zweige der reinen und angewandten Chemie		
Herausgeber: Maximilian Pflücke		
118. Jahrgang (1947) komplett (Nr. 1-35) . .	165.	1007/118
119. Jahrgang (1948) komplett	220,	1007/119
120. Jahrgang (1949) komplett	220,	1007/120
Nachlieferungen (Ergänzungsbände)		
Vierteljahresband 1945 1. Quartal (Nachdruck)	55,	1007/116 I
Vierteljahresband 1945 2. Quartal einschließlich Autorenregister 45/I. Halbjahr	55,	1007/116/I
Vierteljahresband 1945 3. Quartal	55,	1007/116/II
Vierteljahresband 1945 4. Quartal	55,	1007/116/II
1946 I. Halbjahr, Band 1	46,	1007/117/1
1946 I. Halbjahr, Band 2	48,	1007/117/2
*1946 I. Halbjahr, Band 3 . . . . ca.	48,	1007/117/3
Formelregister 1943	12,	1007/114 Fr.
Sachregister 1943 (Nachdruck)	35,	1007/114/Sr.
Formelregister 1944	12,	1007/114/Fr.
Sachregister 1944	35,	1007/114/Sr.
Autorenregister 1944/II (Nachdruck)	8,	1007/115/II Ar.
Formelregister 1947	12,	1007/118/Fr.
Autoren- und Patentregister 1947/I u. II . . .	12,	1007/118 Ar. u. Pr.
Autoren- und Patentregister 1948 /I. Halbjahr	8,	1007 119 I Ar.u.Pr.
Autoren- und Patentregister 1948/II. Halbjahr	8,	1007 119 II Ar.u.Pr.
Autoren- und Patentregister 1949 / I. Halbjahr	8,	1007 120 I Ar.u.Pr
Die weiteren Ergänzungsbände für die Zeit vor April 1947 sind in Vorbereitung:		
1946, die restlichen Bände I. und II. Halbjahr		
Generalregister IX über die Jahrgänge 1935-1939 (Sachregister)		
Generalregister X über die Jahrgänge 1940-1944 (Autoren-, Patent-, Formel- und Sachregister)		
Trivial-Namenregister und Periodica Chimica		
Ab 1. 1. 1950 erscheint das „Chemische Zentralblatt" gemeinsam im Akademie-Verlag Berlin und Verlag Chemie Weinheim/Bergstraße		
Bezugspreis: Normalausgabe . . . . . vierteljährl.	62,50	1007/121
Einseitig bedruckte Ausgabe viertelj.	75,	
[einschl. Autor.- u. Pat.-Reg., zuzügl. Formel- u. Sachreg.-Kosten] Bestellungen sind zu richten: aus dem Währungsgebiet der DM-Ost an den Akademie-Verlag, aus dem Währungsgebiet der DM-West an den Verlag Chemie, aus dem Ausland an einen der beiden Verlage		
Baukloh, Walter		
Die physikalisch-chemischen Grundlagen der Metallurgie		
XVI und 304 Seiten - 1949 . . . . brosch.	20,-	2019/1
(in Scientia Chimica) in Ganzleinen gebd.	24,	
Boit, Hans-G.		
Fortschritte der Alkaloidchemie seit 1933		
XVI u. 428 Seiten - 1950 . . . . brosch.	49,—	2019/2
(in Scientia Chimica) in Ganzleinen gebd.	53,—	

	DM	Bestell- und Verlags-Nummer
Bonhoeffer, Karl-Friedrich Über physikalisch-chemische Modelle von Lebensvorgängen 20 Seiten - 1948 . . . . (in Vorträge und Schriften)	2,—	2003/29
**Fredenhagen, Karl* Grundlagen für den Aufbau einer Theorie der Zweistoff-Systeme - etwa 320 Seiten - 1950 . . . . brosch. ca.	15,-	2019/3
(in Scientia Chimica) in Ganzleinen gebd. ca.	17,50	
Herfeld, Hans Die Qualitätsbeurteilung von Leder, Lederaustauschwerkstoffen und Lederbehandlungsmitteln XII u. 309 Seiten - 1950 - 31 Abb. - 32 Tab. - 1950 . . . . . . brosch.	16,75	5032
gebd.	19,—	
Heubner, Wolfgang Katalytische Wandlungen am Blutfarbstoff - 12 Seiten - 1948 (in Abhandl. d. Dt. Akad. d. Wiss. z. Bln.)	2,—	2002/45-46/2
Heubner, Wolfgang Genuß und Betäubung durch chemische Mittel (in Vorträge und Schriften) - 40 Seiten - 1948	2,—	2003/25
Heubner, Wolfgang Nitrit- und Chloratwirkung am Blutfarbstoff - 8 Seiten - 1949 (in Sitzungsberichte d. Dt. Akad. d. Wiss. z. Bln.)	1,—	2011/48/V
Noack, Kurt Die Ausgestaltung der Organismen - ein chemisches Problem 38 Seiten - 1949 . . . . (in Vorträge und Schriften)	2,50	2003/30
Stather, Fritz Gerbereichemie und Gerbereitechnologie XX und 766 Seiten - 149 Abb. - 10 Tab. - 1948 . . . . . . brosch.	44,—	5010
gebd.	49,—	
Strack, Erich Beobachtungen über den endogenen Anteil des Kot-Stickstoffes 24 Seiten - 1949 . . . . (in Berichte ü. d. Verhandl. d. Sächs. Akad. d. Wiss. z. Leipz.)	2,50	2027/97/1
Täufel, Kurt Ernährungsforschung und zukünftige Lebensmittelchemie 32 Seiten - 1950	3,50	5053
Thinius, Kurt Wissenschaftlich-technische Fortschrittsberichte auf dem Gebiet der nichthärtbaren Kunststoffe 1942–1945 VIII u. 468 Seiten - 1950 . . . . brosch.	26,—	5033
gebd.	29,—	
Traustel, Sergei Modellgesetze der Vergasung und Verhüttung VIII und 88 Seiten - 1949 . . . . brosch.	12,25	2019/4
(in Scientia Chimica) in Ganzleinen gebd.	14,50	
**Utermark, Walther* Schmelzpunkttabellen organischer Verbindungen Etwa 656 Seiten - 1950 . . . . brosch. ca.	45,—	5031/1
gebd. ca.	48,—	
Warburg, Otto Ideen zur Fermentchemie der Tumoren 12 Seiten - 1947 . . . . (in Abhandl. d. Dt. Akad. d. Wiss. z. Bln.)	2,50	2002/47/3

GEOLOGIE – MINERALOGIE

	DM	Bestell- und Verlags-Nummer
Beiträge zur Geologie des Mittelharzes *Mempel, Gerhard* Die Beziehungen der Pericyclus-Fauna des Großen Schachttales zum Acker-Bruchbergsystem (Harz) *Schwan, Werner* Die Acker-Bruchbergschichten des Harzes Beide Abhandlungen in einem Heft - 48 Seiten - 8 Tafeln - 1950 . . (in Abhandl. d. Geolog. Landesanstalt Berlin)	22,50	2008/216
Bubnoff, Serge von Leitfaden zur Einführung in die Paläontologie der Wirbellosen - VIII u. 116 Seiten - 1949 . . . . (in Geologica)	3,50	2032/1
Bubnoff, Serge von Überblick über die Geologie Ostmecklenburgs (Vorpommerns) und seiner Grenzgebiete - 56 Seiten - 5 Abb. - 1950 (in Geologica)	5,40	2032/3
Bülow, Kurd von Entstehung der alluvialen Eisenerzlagerstätten Mecklenburgs 16 Seiten - 1949 . . . . (in Archiv f. Lagerstättenforschung)	4,–	2014/79
Gallwitz, Hans Eiskeile und glaziale Sedimentation 24 Seiten - 2 Tafeln - 1949 . . . . (in Geologica)	3,25	2032/2
Gothan, Walther (siehe auch Seite 46 unter Utescher) Die Unterkarbon-Flora der Dobrilugker Tiefbohrungen 44 Seiten - 6 Tafeln - 1950 . . . . (in Abhandl. d. Geol. Landesanstalt Berlin)	8,50	2008/217
Gothan, Walther Über den fossilen Kautschuk - 24 Seiten - 2 Tafeln - 1950 . . (in Sitzungsberichte d. Dt. Akad. d. Wiss. z. Bln.)	1,85	2011/49/IV
Hellmers, Johann Der Vorgang der Verkieselung - 16 Seiten - 2 Tafeln - 1950 . . (in Abhandl. d. Geol. Landesanst. Berlin)	3,90	2008/218
Hilgenberg, Ott-Christoph Die Bruchstruktur der sialischen Erdkruste 160 Seiten - 4 Tafeln - 1949 . . . . brosch.	25,–	5022
gebd.	28,–	
Ludin, Adolf Die physio-geographischen Planungsgrundlagen für den Vollausbau des Rio-Negro in Uruguay im Interesse von Wasserkraftnutzung, Schiffahrt und Landeskultur 16 Seiten - 12 Abb. - 1950 . . . . (in Abhandl. d. Dt. Akad. d. Wiss. z. Bln.)	5,–	2002/45-46/7

	DM	Bestell- und Verlags-Nummer
Ottemann, Joachim Über Lösung und Hydratation des Anhydrits. Ein Beitrag zur Grundlagenforschung des Anhydrits als Bindebaustoff - 16 Seiten - 8 Seiten Tafeln - 1950 (in Abhandl. d. Geolog. Landesanstalt Berlin)	6,30	2008/219
Pollack, Alfred Beiträge zu einer Deutung der Metallogenese in Thüringen 16 Seiten - 1948 (in Archiv für Lagerstättenforschung)	3,50	2014/78
Quitzow, Hans Wilhelm (siehe auch unter Raupach) Die küstennahe und festländische Entwicklung des Mittel- und Oberoligozäns im östlichen Mitteldeutschland 24 Seiten - 3 Tafeln - 1949 (in Abhandl. d. Geol. Landesanst. Berlin)	6,50	2008/211
Ramdohr, Paul Die Erzmineralien und ihre Verwachsungen XVI u. 828 Seiten - 431 Abb. - 1950 . . . brosch.	88,	5011
gebd.	93,	
Ramdohr, Paul Die orientierten Verwachsungen von Bleiglanz, Cotunnit und Anglesit der Grube Christian Levin bei Essen-Borbeck. (Mit einer Bemerkung über Verwachsungen von Bleiglanz und Phosgenit) - 32 Seiten - 1947 (in Abhandl. d. Dt. Akad. d. Wiss. z. Bln.)	4,	2002/45-46/4
Raupach, Friedrich von Beitrag zur Geiseltalforschung *Quitzow, Hans Wilhelm* Über die Altersbeziehungen zwischen der älteren Braunkohlenformation Mitteldeutschlands und dem marinen Eozän Norddeutschlands Beide Abhandlungen in einem Heft - 27 Seiten - 1948 (in Abhandl. d. Geol. Landesanst. Berlin)	6,	2008/214
Schumann, Wolfgang Erdmagnetische Anomalien in Europa und ihre Beziehungen zu den geologischen Verhältnissen (Eine Studie über den Gesteinsmagnetismus) - 148 Seiten - 1950 (in Abhandl. d. Geophysikal. Inst. Potsdam)	12,	2009/14
Schüller, Arno Die Eigenschaften der Minerale. Ein Lehr- und Hilfsbuch zum Bestimmen von mineralischen Rohstoffen und Kristallformen. Teil I: Die äußeren Kennzeichen insbesondere der erz- und gesteinsbildenden Minerale VIII u. 172 Seiten - 2 vierfarbige Tafeln - 1950 . . . brosch.	19,60	5027/1
gebd.	24,85	
Schüller, Arno Die Gesteine des Unterkarbon von Dobrilugk und des Algonkium von Rotstein bei Liebenwerda. Die Porphyre von Schwerz. (Ein Beitrag zur Kenntnis der Endomorphose der Halleschen Porphyre) - 20 Seiten - 11 Kunstdrucktafeln - 1949 (in Abhandl. d. Geol. Landesanst. Berlin)	9,50	2008/213

	DM	Bestell- und Verlags-Nummer
Seeliger, Erich Pseudohydrothermale Pb-Zn-Erzgänge im Ruhrgebiet und im Gebiet von Velbert-Lintorf - 48 Seiten - 1950 . . . . . . (in Archiv für Lagerstättenforschung)	9,	2014/80
Stille, Hans Ur- und Neuozeane - 70 Seiten - 2 Tafeln - 1949 . . . . (in Abhandl. d. Dt. Akad. d. Wiss. z. Bln.)	7,	2002/45-46/6
Stille, Hans Das Leitmotiv der geotektonischen Erdentwicklung 28 Seiten - 1949 . . . . (in Vorträge und Schriften)	2,50	2003/32
Stille, Hans Die jungalgonkische Regeneration im Raume Amerikas 40 Seiten - 1949 . . . . (in Abhandl. d. Dt. Akad. d. Wiss. z. Bln. - Abhandl. z. Geotekt.)	5,25	2002/48/3
Spengler, Erich Über die Abtragung des varistischen Gebirges in Sachsen 104 Seiten - 1949 . . . . (in Abhandl. d. Geol. Landesanstalt Berlin)	17,	2008/212
Utescher, Kurt Das erdige phosphathaltige Sediment in der Ilsenhöhle von Ranis, seine Entstehung, seine Eigenschaften und seine Beziehungen zur Geschichte der Höhle. Kennzeichen glazialer und interglazialer Verwitterung		
Gothan, Walther-Mojen, H. P. Bemerkungen zur Bitumenklassifikation Beide Abhandlungen in einem Heft - 26 Seiten - 1948 . . . . (in Abhandl. d. Geol. Landesanstalt Berlin)	5,	2008/215
Zwerger, Rudolf von Der tiefere Untergrund des westlichen Peribaltikums 74 Seiten - 3 Tafeln - 1948 . . . . (in Abhandl. d. Geol. Landesanstalt Berlin)	19,	2008/210

GEOPHYSIK – METEOROLOGIE – GEODÄSIE	DM	Bestell- und Verlags-Nummer
Zeitschrift für Meteorologie Herausgeber: Prof. Dr. R. Süring, Potsdam Erscheinungsweise: monatlich Bezugspreis: viertelj.	12,	1013
Bock, Richard – Burmeister, Friedrich – Errulat, Friedrich Magnetische Reichsvermessung 1935, 0, Teil I 53 Seiten - 1948 (in Abhandl. d. Geophys. Inst. Potsdam)	6,	2009/6
Bock, Richard – Schumann, Wolfgang Katalog der Jahresmittel der magnetischen Elemente der Observatorien und der Stationen, an denen eine Zeitlang erdmagnetische Beobachtungen stattfanden		
Band I 19 und 112 Seiten - 1948	10,	2009/8/I
Band II 156 Seiten - 1948	12,	2009/9/II
Band III 156 Seiten - 1948	10,	2009/10/III
Band IV 71 Seiten - 1948 (in Abhandl. d. Geophys. Inst. Potsdam)	8,	2009/11/IV
Ertel, Hans Eine Methode zur approximativen Vorausberechnung von Luftmassenverlagerungen - 24 Seiten - 1948 (in Sitzungsberichte d. Dt. Akad. d. Wiss. z. Bln.)	2,	2011/48/III
Gerecke, Friedrich Seismische Registrierungen in Jena, 1. Januar 1944 bis 31. Dezember 1946 - 90 Seiten - 1947 (in Veröffentl. d. Zentralinstit. f. Erdbebenforschung in Jena)	10,-	2004/47–49
Gerecke, Friedrich Seismische Registrierungen in Jena, 1. Januar 1947 bis 31. Dezember 1947 - 44 Seiten - 1948 (in Veröffentl. d. Zentralinst. f. Erdbebenforschung i. Jena)	7,50	2004/50
Gerecke, Friedrich Seismische Registrierungen in Jena, 1. Januar 1948 bis 31. Dezember 1948 - 56 Seiten - 1949 (in Veröffentl. d. Zentralinst. f. Erdbebenforschung i. Jena)	10,50	2004/52
Goldschmidt, Johannes Das Klima von Sachsen 36 Seiten - 2 einfarb., 2 sechsfarb. Tafeln - 4 Seiten Tabellenanhang - 1950 (in Abhandl. d. Meteorol. Dienstes d. Deutschen Demokr. Republik)	17,25	2023/3
Goldschmidt, Johannes Die Singularitäten im jährlichen Witterungsverlauf von Wahnsdorf - 48 Seiten, 8 Tafeln - 1950 (in Abhandl. d. Meteorol. Dienstes d. Deutschen Demokr. Republik)	24,75	2023/2

	DM	Bestell- und Verlags-Nummer
Haalck, Hans I. Die vollständige Bestimmung örtlicher gravimetrischer Störungsfelder aus Drehwaagemessungen mit Berechnungsbeispiel (Meßtischblatt Weddingstedt i. Holstein) II. Das physikalische Bildungsgesetz der Figur der Erde (Theorie der normalen Erdgestalt) VI u. 54 Seiten - 1950 . . . . (in Veröffentl. d. Geodät. Inst. in Potsdam)	13,	2016/4
Koch, H. G. Meteorologische Studien im Mittelmeer Über die Aerologie der Etesien des östlichen Mittelmeeres im Sommer 1942 Über Winde und Wetterlagen in Südsardinien 66 Seiten - 4 Abb. - 1950 . . . . (in Abhandl. d. Meteorol. Dienstes d. Deutschen Demokr. Republik)	20,	2023/1
König, W. Verzeichnis zusammenfassender Arbeiten über Wetter und Witterung in Deutschland - VIII und 40 Seiten - 1949 . . . . (in Veröffentl. d. Meteorol. Dienstes d. Deutschen Demokr. Republik)	6,	2022/2
König, W. Verzeichnis der in der Fachliteratur behandelten Wetterereignisse Deutschlands im Zeitraum 1901—1940 VIII und 80 Seiten - 1949 . . . . (in Veröffentl. d. Meteorol. Dienstes d. Deutschen Demokr. Republik)	11,	2022/1
Krumbach, Gerhard Seismische Arbeiten 1947/48 - 146 Seiten - 1949 . . . . . . (in Veröffentl. d. Zentralinst. f. Erdbebenforschung i. Jena)	13,75	2004/51
Krumbach, Gerhard 50-Jahrfeier des Zentralinstituts für Erdbebenforschung 25.-29. Juli 1940 - 50 Seiten - 1950 . . . . (in Veröffentl. d. Zentralinst. f. Erdbebenforsch. i. Jena)	6,50	2004/53
Mühlig, Fritz Der 24-m-Interferenzkomparator des Geodätischen Institutes in Potsdam - 54 Seiten - 1 Tafel vierfarbig - 1949 . . . . (in Veröffentl. d. Geodät. Inst. in Potsdam)	7,	2016/2
Reicheneder, Karl Fehlertheorie und Ausgleichung von Rautenketten in der Nadirtriangulation - VIII und 98 Seiten - 1949 . . . . (in Veröffentl. d. Geodät. Inst. in Potsdam)	11,	2016/1

	DM	Bestell- und Verlaags-Nummer
Schumann, Wolfgang Erdmagnetische Anomalien in Europa und ihre Beziehungen zu den geologischen Verhältnissen (Eine Studie über den Gesteinsmagnetismus) - 148 Seiten - 1950 . . . . (in Abhandl. d. Geophysikal. Instit. Potsdam)	12,–	2009/14
Wehner, Hans Untersuchung mikrobarographischer Wellen auf Jan Mayen 58 Seiten - 1949 . . . . (in Veröffentl. d. Geophysikal. Instit. d. Univ. Leipzig)	7,50	2018/XVI/1
Weiken, Karl Ergebnisse der Pendelmessungen der Jahre 1934-1943 32 Seiten - 1950 . . . . (in Veröffentl. d. Geodät. Instit. in Potsdam)	9,–	2016/3

LAND- UND FORSTWIRTSCHAFT

	DM	Bestell- und Verlags-Nummer
Archiv für Tierernährung Herausgeber: Ernst Mangold Erscheinungsweise: zweimonatlich Bezugspreis: je Heft	8,50	1010/1
Bracht, Johannes Über die Wärmeleitfähigkeit des Erdbodens und des Schnees und den Wärmeumsatz im Erdboden 80 Seiten - 1949 . . . . (in Veröffentl. d. Geophysikal. Inst. d. Univ. Leipzig)	8,	2018/XIV/3
Jacob, Artur Der Boden. Kurzes Lehrbuch der Bodenkunde. II. Auflage 240 Seiten - 1949 . . . . gebd.	10,	5019
Kucharski, Hildegard Beiträge zur Landwirtschaftsgeographie der Lausitz 104 Seiten - 4 Transparentblätter - 1 Übersichtstafel - 1949 . . . . . . (in Berliner Geographische Arbeiten)	12,75	2007/22
Mangold, Ernst (siehe auch Seite 56 unter Zoologie) Die ernährungsphysiologischen Eigenschaften der Süßlupinen - 46 Seiten - 1950 . . . . (in Sitzungsber. d. Dt. Akad. d. Wiss. z. Bln.)	2,60	2011/49/III
Mangold, Ernst Die Verdauung bei den Nutztieren VIII und 114 Seiten - 74 Textabb. - 1950 . . . . brosch. gebd.	16, 18,	5038
Miller, Toni Dorf Seega im Umbau (Ein Planungsbeispiel) X und 112 Seiten - 14 Textabb. - 37 Tafeln - 1949 . . . . . gebd. (in Schriftenreihe des Institutes f. Bauwesen)	39,	2020/1
Mitscherlich, Eilh. Alfred Pflanzenphysiologische Bodenkunde - 24 Seiten - 1948 . . . (in Vorträge und Schriften)	2,	2003/28
Mitscherlich, Eilh. Alfred Die Ertragsgesetze - 42 Seiten - 1948 . . . . (in Vorträge und Schriften)	2,75	2003/31
Mitscherlich, Eilh. Alfred Düngungsfragen. Über die genaue Ermittlung der notwendigen Düngungsgaben an Phosphorsäure und Kali und über das Problem der Stickstoffdüngung 24 Seiten - 1949 . . . . (in Vorträge und Schriften)	1,75	2003/33

	DM	Bestell- und Verlags-Nummer
Mitscherlich, Eilh. Alfred		
Über die Fehler bei Ertragsversuchen		
26 Seiten - 1950	1,65	2003/37
(in Vorträge und Schriften)		
Petersen, Asmus		
Die Gräser als Kulturpflanzen und Unkräuter auf Wiese, Weide und Acker		
XII und 225 Seiten - 1 Falttafel - üb. 100 Textabb. - 1950 . . brosch.	13,75	5024
gebd.	15,50	
Scholler, Wilhelm		
Die mittlere Entfernung eines Punktes von einer Fläche		
VIII und 80 Seiten - 1949	12,50	2017/2
(in Beiträge zur Thünenforschung)		

MATHEMATIK

	DM	Bestell- und Verlags-Nummer
Mathematische Nachrichten		
Publikationen des Forschungsinstituts für Mathematik der Deutschen Akademie der Wissenschaften zu Berlin und der Mathematischen Institute der Universität Berlin Herausgeber: E. Schmidt, gemeinsam mit: G. Hamel, H. Hasse, H. L. Schmid und K. Schröder		
Erscheinungsweise: monatlich Bezugspr.: je Heft	7,-	1019/III
Band I (1948) komplett	42,-	1019/I
Band II (1949) komplett	42,-	1019/II
Zeitschrift für angewandte Mathematik und Mechanik		
Ingenieurwissenschaftliche Forschungsarbeiten. Herausgeber: Fr. A. Willers, Dresden		
Erscheinungsweise: monatlich Bezugspr. viertelj.	15,	1009/30
27. Jahrgang (1947) kompl. (Heft 1—9)	45,-	1009/27
28. Jahrgang (1948) kompl.	60,-	1009/28
29. Jahrgang (1949) kompl.	60,-	1009/29
Beckert, Herbert		
Existenz- und Eindeutigkeitsbeweise für das Differenzenverfahren zur Lösung des Anfangswertproblems, des gemischten Anfangs-Randwert- und des charakteristischen Problems einer hyperbolischen Differentialgleichung 2. Ordnung mit zwei unabhängigen Variablen - 42 Seiten - 1950 (in Berichte über die Verhandl. d. Sächs. Akad. d. Wiss. z. Leipzig)	9,	2027/97/4
Beckert, Herbert		
Über quasilineare hyperbolische Systeme partieller Differentialgleichungen 1. Ordnung mit zwei unabhängigen Variablen. Das Anfangswertproblem, die gemischte Anfangs-Randwertaufgabe, das charakteristische Problem 68 Seiten - 1950 . . . . (in Berichte über die Verhandl. d. Sächs. Akad. d. Wiss. z. Leipzig)	14,50	2027/97/5
Dinghas, Alexander		
Verallgemeinerung eines Hilbertschen Satzes über das Verhalten einer mit den Legendreschen Polynomen zusammenhängenden quadratischen Form - 12 Seiten - 1948 (in Sitzungsberichte d. Dt. Akad. d. Wiss. z. Bln.)	1,25	2011/48/II
Hasse, Helmut		
Invariante Kennzeichnung relativ-abelscher Zahlkörper mit vorgegebener Galoisgruppe über einem Teilkörper des Grundkörpers - 56 Seiten - 1949 . . . . (in Abhandl. d. Dt. Akad. d. Wiss. z. Bln.)	6,	2002/47/8
Hasse, Helmut		
Zahlentheorie - XII und 470 Seiten - 1949 . . . . brosch.	44,-	5000
gebd.	47,-	

	DM	Bestell- und Verlags-Nummer
Hasse, Helmut Arithmetische Bestimmung von Grundeinheit und Klassenzahl in zyklischen, kubischen und biquadratischen Zahlkörpern 96 Seiten - 1950 . . . . (in Abhandl. d. Dt. Akad. d. Wiss. zu Bln.)	14,—	2002/48/2
Hölder, Ernst Über die Variationsprinzipe der Mechanik der Kontinua 13 Seiten - 1950 . . . . (in Berichte über d. Verhandl. d. Sächs. Akad. d. Wiss. z. Leipzig)	2,75	2027/97/2
Müller, Claus Zur mathematischen Theorie elektromagnetischer Schwingungen - 56 Seiten - 1950 . . . . (in Abhandl. d. Dt. Akad. d. Wiss. z. Bln.)	7,—	2002/45-46/3
Scholler, Wilhelm Die mittlere Entfernung eines Punktes von einer Fläche VIII und 80 Seiten - 1949 . . . . (in Beiträge zur Thünenforschung)	12,50	2017/2
Schubert, Hans Über eine lineare Integrodifferentialgleichung mit Zusatzkern 52 Seiten - 1950 . . . . (in Berichte über d. Verhandl. d. Sächs. Akad. d. Wiss. z. Leipzig)	9,25	2027/97/7
Stumpff, Karl Neue Theorie und Methode der Ephemeridenrechnung 88 Seiten - 1949 . . . . (in Abhandl. d. Dt. Akad. d. Wiss. z. Bln)	15,—	2002/47/1

MEDIZIN

	DM	Bestell- und Verlags-Nummer
Heubner, Wolfgang Genuß und Betäubung durch chemische Mittel (in Vorträge und Schriften) - 40 Seiten - 1948	2,	2003/25
Heubner, Wolfgang Nitrit- und Chloratwirkung am Blutfarbstoff 8 Seiten - 1949 . . . . (in Sitzungsberichte d. Dt. Akad. d. Wiss. z. Bln.)	1,	2011/48/V
Heubner, Wolfgang Über Wanderung des DDT im Insektennerven 8 Seiten - 1949 . . . . (in Sitzungsberichte d. Dt. Akad. d. Wiss. z. Bln.)	1,	2011/48/VIII
Heubner, Wolfgang Katalytische Wandlungen am Blutfarbstoff 12 Seiten - 1948 . . . . (in Abhandl. d. Dt. Akad. d. Wiss. z. Bln.)	2,	2002/45-46/2
Nachtsheim, Hans - Klein, Hans Hydrops congenitus universalis beim Kaninchen, eine erbliche fetale Erythroblastose 72 Seiten - 25 Textabb. - 15 Tafeln - 1948 . . . . (in Abhandl. d. Dt. Akad. d. Wiss. z. Bln.)	7,50	2002/47/5
Olivieri, Alexander Aetii Amideni Libri Medicinales V–VIII (Bibliographische Angaben Seite 58) (in Corpus medicorum graecorum)		2028/1
Rössle, Robert Zur Theorie des Typhus abdominalis - 28 Seiten - 1948 . . (in Sitzungsberichte d. Dt. Akad. d. Wiss. z. Bln.)	2,	2011/48/I
Rößle, Robert Stufen der Malignität - 32 Seiten - 4 Seiten Kunstdrucktafeln - 1950 (in Sitzungsber. d. Dt. Akad. d. Wiss. z. Bln.)	2,25	2011/49 V
Strack, Erich Beobachtungen über den endogenen Anteil des Kot-Stickstoffes 24 Seiten - 1949 . . . . (in Berichte ü. d. Verhandl. d. Sächs. Akad. d. Wiss. z. Leipzig)	2,50	2027/97/1
Warburg, Otto Ideen zur Fermentchemie der Tumoren - 12 Seiten - 1947 . . (in Abhandl. d. Dt. Akad. d. Wiss. z. Bln.)	2,50	2002/47/3
Wendt, Lothar Die Ermittlung des Erregungsablaufs in ungeschädigten und geschädigten Herzen durch Analyse des Elektrokardiogramms und des Vektordiagramms - 84 Seiten - 1949 . . . (in Abhandl. d. Dt. Akad. d. Wiss. z. Bln.)	12,50	2002/47/6

PHYSIK

	DM	Bestell- und Verlags-Nummer
Beauclair, Wilfried de Untersuchungen über die Fouriersynthese der Ladungsverteilung in Kristallen Band I: Verfahren und Geräte zur mehrdimensionalen Fouriersynthese 72 Seiten - 38 Abb. - 1 Falttafel - 1949	15,–	5012/I
Beauclair, Wilfried de – Sinogowitz, Ulrich †. Untersuchungen über die Fouriersynthese der Ladungsverteilung in Kristallen Band II: Phasenfaktorentafel zur kristallographischen zweidimensionalen Fouriersynthese in Punkten eines Achtundvierzigstel-Netzes Din A 3 - 94 Tafeln einseitig bedruckt - 3 Deckblätter – 1949	38,	5012/II
Ertel, Hans – Rossby, Carl Gustav Ein neuer Erhaltungs-Satz der Hydrodynamik 12 Seiten - 1949 (in Sitzungsberichte d. Dt. Akad. d. Wiss. z. Bln.)	1,50	2011/49/I
Gerstner, H. – Baark, H. – Graul, H. Der Wechselstromwiderstand der Froschhaut 25 Seiten – 1950 (in Berichte über d. Verhandl. d. Sächs. Akad. d. Wiss. z. Leipzig)	2,75	2027/97/3
Harting, Hans Die Brechzahlen einiger Halogenidkristalle 26 Seiten – 1948 (in Sitzungsberichte d. Dt. Akad. d. Wiss. z. Bln.)	2,50	2011/48/IV
Heidebroek, Enno Das Verhalten von zähen Flüssigkeiten, insbesondere Schmierflüssigkeiten, in engen Spalten 40 Seiten - 24 Abb. – 1950 (in Berichte ü. d. Verhandl. d. Sächs. Akad. d. Wiss. z. Leipzig)	5,80	2027/97/6
Hölder, Ernst Über die Variationsprinzipe der Mechanik der Kontinua 13 Seiten 1949 (in Berichte über die Verhandl. d. Sächs. Akad. d. Wiss. z. Leipzig)	2,75	2027/97/2
Hund, Friedrich Wirkungsquantum und Naturbeschreibung - 20 Seiten - 1949 (in Vorträge und Schriften)	2,50	2003/35
Jordan, Pascual - Zweiling, Klaus Beiträge zum neuzeitlichen Weltbild der Physik 1. Das Plancksche Wirkungsquantum 2. Dialektischer Materialismus und theoretische Physik 56 Seiten - 1950 . . . Pappband	4,75	5036
Müller, Claus Zur mathematischen Theorie elektromagnetischer Schwingungen - 56 Seiten - 1950 (in Abhandlg. d. Dt. Akad. d. Wiss. z. Bln.)	7,	2002/45-46/3
Planck, Max in seinen Akademieansprachen Erinnerungsschrift der Deutschen Akademie der Wissenschaften zu Berlin 212 Seiten - 10 Faksimile-Handschriften - 1 Porträt im Zweifarbendruck - 1948 Engl. Broschur	8,75	5015
Schmeidler, Werner Vorträge über Determinanten und Matrizen mit Anwendungen in Physik und Technik VIII und 156 Seiten – 1949 . . . brosch.	10,	5017
gebd.	15,	
Wawilow, S. I. Isaak Newton - VIII u. 216 Seiten - 32 Seiten Tabellen - 1950 in Halbl. gebd.	9,75	5006

ZOOLOGIE

	DM	Bestell- und Verlags-Nummer
Archiv für Tierernährung Herausgeber: Ernst Mangold Erscheinungsweise: zweimonatlich Bezugspreis je Heft	8,50	1010/1
Eisentraut, Martin Die Eidechsen der spanischen Mittelmeerinseln und ihre Rassenaufspaltung im Lichte der Evolution 228 Seiten - 10 vierfarbige Tafeln - 1950 . . . . gebd.	41,	5049
Eisentraut, Martin Die Eidechsen der spanischen Mittelmeerinseln und ihre Rassenaufspaltung im Lichte der Evolution 228 Seiten - 10 vierfarbige Tafeln - 1950 . . . . (in Mitteilungen aus dem Zoologischen Museum)	38,	1014/26/1
Hennig, Willi Die Larvenformen der Dipteren Eine Übersicht über die bisher bekannten Jugendstadien der zweiflügeligen Insekten		
Teil 1 - 186 Seiten - 1948	22,	5009/1
Teil 2 - VIII u. 460 Seiten - 10 Tafeln - 236 Abb. - 1950	49,	5009/2
Mangold, Ernst Die Verdauung bei den Nutztieren VIII u. 114 Seiten - 74 Textabb. - 1950 . . . . brosch.	16,-	5038
gebd.	18,	
Ulrich, Werner Über die systematische Stellung einer neuen Tierklasse (Pogonofora K. E. Johansson), den Begriff der Archicoelomaten und die Einteilung der Bilaterien - 26 Seiten - 1950 (in Sitzungsber. d. Dt. Akad. d. Wiss. z. Bln.)	1,75	2011/49/II

PREISE
der Veröffentlichungen zur 250. Jahresfeier der Deutschen Akademie der Wissenschaften zu Berlin

	DM	Bestell- und Verlags-Nummer
Amburger, Erik		
Die Mitglieder der Deutschen Akademie der Wissenschaften zu Berlin 1700-1950 - XII und 216 Seiten - 1950	45,—	5045
Baldinger, Kurt		
Kollektivsuffixe und Kollektivbegriff. Ein Beitrag zur Bedeutungslehre im Französischen mit Berücksichtigung der Mundarten - etwa 320 Seiten - 1950 (in Veröffentl. des Instit. für Roman. Sprachwissenschaft)	24,50	2033/1
Deutsche Akademie der Wissenschaften zu Berlin		
Bildnisse berühmter Mitglieder der Deutschen Akademie der Wissenschaften zu Berlin 1700-1950 - 116 Blatt - 1950	14,50	5054
Deutsche Akademie der Wissenschaften zu Berlin		
Gottfried Wilhelm Leibniz Sämtliche Schriften und Briefe I. Reihe: Allgemeiner, politischer und historischer Briefwechsel 4. Band 1684-1687 LVI und 752 Seiten - 1950	65,—	3001/I/4
Deutsche Akademie der Wissenschaften zu Berlin		
Miscellanea Academica Berolinensia Gesammelte Abhandlungen zur Feier des 250jährigen Bestehens der Deutschen Akademie der Wissenschaften zu Berlin		
I. Naturwissenschaften VIII und 252 Seiten - 9 Lichtdrucktafeln - 1950	39,—	5048/I
II. Geisteswissenschaften Teil 1: VIII und 294 Seiten - 1950 Teil 2: VIII und 248 Seiten - 7 Lichtdrucktafeln - 1950 Beide Teile in Ganzl. gebd. zusammen	73,50	5048/II
Erman, Adolf † - Grapow, Hermann		
Wörterbuch der ägyptischen Sprache 6. Band: Die Register - VIII und 256 Seiten - 1950	55,—	3002/VI R
Grapow, Hermann		
Die Begründung der orientalischen Kommission von 1912. Aus der Geschichte der Akademie in den letzten 50 Jahren 30 Seiten - 1950 (in Vorträge und Schriften)	2,25	2003/40

	DM	Bestell- und Verlags-Nummer
Gerecke, Friedrich		
Seismische Registrierungen in Jena, 1. Januar 1949 bis 31. Dezember 1949 - 56 Seiten - 1950 . . . . (in Veröffentl. des Zentralinst. für Erdbebenforsch. in Jena)	9,50	2004/54
Hintze, Fritz		
Untersuchungen zu Stil und Sprache neuägyptischer Erzählungen, 1. Lieferung - VI und 160 Seiten - 1950 . . . . . . (in Veröffentl. des Instit. für Orientforschung)	45,30	2013/1
Jahrbuch der Deutschen Akademie der Wissenschaften zu Berlin 1946-1949 - 256 Seiten - 1 Strukturtafel - 1950 . . .	16,	1002/46-49
Olivieri, Alexander		
Aetii Amideni Libri Medicinales V-VIII XII und 254 Seiten - 1950 brosch.	35,-	2028/1
(in Corpus medicorum graecorum) gebd.	37,50	
Meier, John		
Untersuchungen zur deutschen Volkskunde und Rechtsgeschichte. Ahnengrab und Rechtsstein Etwa VIII und 160 Seiten - 1950 . . . . ca. (in Veröffentl. der Volkskundlichen Kommission)	15,	2034/1
Otten, Heinrich		
Mythen vom Gotte Kumarbi 40 Seiten - 11 Tafeln - 1950 . . . . (in Veröffentl. des Instit. für Orientforschung)	14,25	2013/3
Pyritz, Hans		
Die Minneburg LXXVIII und 220 Seiten - 1 Lichtdrucktafel - 1950 . . . . (in Deutsche Texte des Mittelalters)	18,50	2012/XLIII

NOTIZEN

(427) K.Köhler, Berlin-Mahlsdorf 543 XVII. P.I.L.V. NR. 390/50

FSC
www.fsc.org
MIX
Papier | Fördert gute Waldnutzung
FSC® C083411

Kolibri 360 GmbH
Ferdinand-Jühlke-Straße 7
99095 Erfurt, Deutschland
produktsicherheit@kolibri360.de